BEI GRIN MACHT SICH IHR WISSEN BEZAHLT

- Wir veröffentlichen Ihre Hausarbeit,
  Bachelor- und Masterarbeit

- Ihr eigenes eBook und Buch -
  weltweit in allen wichtigen Shops

- Verdienen Sie an jedem Verkauf

Jetzt bei www.GRIN.com hochladen
und kostenlos publizieren

Sebastian Gräf

Die natürlichen Klimaschwankungen

Warm- und Kaltzeiten und ihre Ursachen

GRIN Verlag

Bibliografische Information der Deutschen Nationalbibliothek:

Die Deutsche Bibliothek verzeichnet diese Publikation in der Deutschen National-
bibliografie; detaillierte bibliografische Daten sind im Internet über http://dnb.d-
nb.de/ abrufbar.

Dieses Werk sowie alle darin enthaltenen einzelnen Beiträge und Abbildungen
sind urheberrechtlich geschützt. Jede Verwertung, die nicht ausdrücklich vom
Urheberrechtsschutz zugelassen ist, bedarf der vorherigen Zustimmung des Verla-
ges. Das gilt insbesondere für Vervielfältigungen, Bearbeitungen, Übersetzungen,
Mikroverfilmungen, Auswertungen durch Datenbanken und für die Einspeicherung
und Verarbeitung in elektronische Systeme. Alle Rechte, auch die des auszugsweisen
Nachdrucks, der fotomechanischen Wiedergabe (einschließlich Mikrokopie) sowie
der Auswertung durch Datenbanken oder ähnliche Einrichtungen, vorbehalten.

Impressum:

Copyright © 2007 GRIN Verlag GmbH
Druck und Bindung: Books on Demand GmbH, Norderstedt Germany
ISBN: 978-3-640-26494-0

Dieses Buch bei GRIN:

http://www.grin.com/de/e-book/121790/die-natuerlichen-klimaschwankungen

GRIN - Your knowledge has value

Der GRIN Verlag publiziert seit 1998 wissenschaftliche Arbeiten von Studenten, Hochschullehrern und anderen Akademikern als eBook und gedrucktes Buch. Die Verlagswebsite www.grin.com ist die ideale Plattform zur Veröffentlichung von Hausarbeiten, Abschlussarbeiten, wissenschaftlichen Aufsätzen, Dissertationen und Fachbüchern.

Besuchen Sie uns im Internet:

http://www.grin.com/

http://www.facebook.com/grincom

http://www.twitter.com/grin_com

Universität Karlsruhe
Institut für Geografie und Geoökologie I
Hauptseminar Physische Geografie: Klimawandel
Sommersemester 2007

Thema:
Die natürlichen Klimaschwankungen: Warm- und Kaltzeiten und ihre Ursachen

Sebastian Gräf
LA Mathematik/Geographie
6. Semester

Gliederung

1. Einleitung

Wenn man versucht, sich als Mensch die Zustände der letzten Eiszeit vorzustellen, dann gleicht das laut Gassmann (1994) -anschaulich gesprochen- der Bemühung einer Eintagsfliege im Sommer, sich die Zustände zur Zeit des letzten Winters auszumalen. Wenn die Fliege an einem Tag schlüpft, an dem strahlender Sonnenschein herrscht, so kann sie sich nicht einmal ein Bild davon machen, was es bedeutet, wenn es auf der Erde regnet. Angenommen, ein Eintagsfliegenprofessor habe nun aus Wetteraufzeichnungen anderer Fliegen gelernt und sich einen Überblick über den Wechsel von Regenwetter und Sonnenschein gemacht. Dann könnte er eventuell aus diesen Aufzeichnungen Regelmäßigkeiten oder zumindest Wahrscheinlichkeiten für den nächsten Regen aufstellen und ausrechnen. Beim letzten Winter würde sein Horizont aber auch enden, weiter zurück zu blicken schiene für ihn aufgrund der langen Zeitspanne im Verhältnis zu seiner Lebensdauer unmöglich. Wir Menschen leben etwa 10.000 Mal so lange wie die gemeine Eintagsfliege und damit auch wie der Eintagsfliegenprofessor. Wir kennen den Temperaturablauf eines Jahres und wissen, dass auf Regen Sonnenschein folgt und auf Sonnenschein wieder Regen. Wenn wir uns aber versuchen auszumalen, wie es auf unserer Erde -insbesondere in unseren Breitengraden- wohl vor etwa 20.000 Jahren ausgesehen haben muss, als die letzte Eiszeit ihr Maximum erreicht hatte, dann übersteigt das doch die Vorstellungskraft der meisten von uns bei Weitem. Doch wenn wir den Maßstab kleiner wählen, sehen wir, dass die letzte Eiszeit nur ein kleiner Ausschlag auf der Temperaturkurve der Erdgeschichte darstellt. Seit der Entstehung der Erde hat sich unser Klima viele Male drastisch verändert, Eiszeitalter folgten auf Warmzeitalter, Warmzeiten lösten Kaltzeiten ab, Glaziale und Interglaziale traten im Wechsel auf und einige Male kam es zu einem Aussterben eines Großteils der vorhandenen Arten aufgrund dieser plötzlichen Schwankungen. Die Ursachen für diese Veränderungen der globalen Temperatur sind vielfältig und komplex, bei Weitem noch nicht vollständig erfasst und oft nur unzureichend erklärt. Auch die kausalen Zusammenhänge sind nicht immer klar und ersichtlich, häufig kann man bei den Erklärungen nur von relativ gefestigten Hypothesen sprechen.

Die vorliegende Arbeit versucht einen Überblick über die Schwankungen im Lauf der Erdgeschichte zu geben und die Abfolge von Kalt- und Warmzeiten ansatzweise zu erläutern oder immerhin Theorien zur Erklärung anzudeuten. Weiterhin sollen Ursachen für Temperaturveränderungen auf der Erde vor- und ihre Auswirkungen dargestellt werden.

2. Grundlegende Begriffe und Begriffspaare

Wenn man von Klimaänderungen spricht, tauchen immer wieder wichtige Begriffspaare auf. So sind Warm- und Kaltzeiten immer relativ definiert. Eine relative Warmzeit erfordert also schon für ihre Existenz eine kältere Phase, die Kaltzeit. Dieses Begriffspaar kann also auf unterschiedliche Maßstäbe bezogen werden und beinhaltet nur die Aussage, dass die Warmzeit wärmer als die Kaltzeit ist. Von einem Eiszeitalter spricht man nach Schönwiese (1995, S.105), wenn es auf der Erde so kalt ist, dass es zur Existenz von Eisbildungen kommen kann, ein Warmzeitalter ist das Gegenstück dazu. Die Eiszeitalter liegen pauschalisiert um die 100 Millionen Jahre auseinander. Innerhalb eines Eiszeitalters wird zwischen den Eiszeiten, den so genannten Glazialen und den Zwischeneiszeiten, den Interglazialen unterschieden. Der Maßstab dieser beträgt etwa 100.000 Jahre. Eine noch feinere Untergliederung kann man in Stadiale und Interstadiale vornehmen. Diese laufen in der Größenordnung von 10.000 Jahren ab. Die Stadiale beschreiben die einzelnen Vorstoßperioden von Gletscherstadien, können daher also auch regional unterschiedlich ablaufen. Die Interstadiale sind die Zeiten zwischen den Stadialen.

Wenn man von Stabilität des Klimas spricht, dann ist dies im Laufe der Erdgeschichte nur für die Warmzeitalter möglich, wenn also kein Eis auf der Erde vorhanden ist. Die Eiszeitalter sind –wie auch das Quartär– kurzfristig zu instabil, als dass man von einem stabilen Klima sprechen könnte. Auf diesen Sachverhalt wird in Kapitel 3.3 noch eingegangen werden. Der Durchschnitt über einen größeren Zeitraum in diesen weist hingegen aber relative Stabilität auf. Man spricht in diesem Zusammenhang auch von Quasistabilität. Letzteres bedeutet, dass das Klimasystem in einem gewissen Zeitraum mehrere unterschiedliche ‚Niveaus' besitzt, zwischen denen es durch geringfügige Änderungen der äußeren Umstände wechseln kann (Gassmann 1994, S.70).

3. Warm- und Kaltzeiten und ihre Ursachen

In der Erdgeschichte gibt es einen stetigen Wechsel von Warm- und Kaltzeiten, die sich – auch abhängig vom Betrachtungsmaßstab– ganz unterschiedlich erklären lassen. Zyklische, sowie einmalige Ereignisse sorgen für diese Veränderungen.

3.1 Abriss über die Erdgeschichte

Der Temperaturverlauf durch die Erdgeschichte hinweg scheint auf den ersten Blick als einzige Konstante seine eigene Inkonstanz zu besitzen. Selbst bei näherer Betrachtung hebt sich dieser Eindruck nicht auf. Der Übergang von einem Eiszeitalter in ein Warmzeitalter und wieder in ein Eiszeitalter folgt keiner klaren Struktur oder Ordnung. Das liegt vor allem daran, dass einerseits sowohl diverse Zyklen, als auch einschneidende einmalige Ereignisse auftreten. Aufgrund der langen Zeitspanne, die zwischen heute und den einzelnen Erdzeitalter liegt, ist es schwierig, genaue Aussagen über die Temperaturverhältnisse und Ausprägung klimatischer Merkmale der jeweiligen Zeit zu treffen.

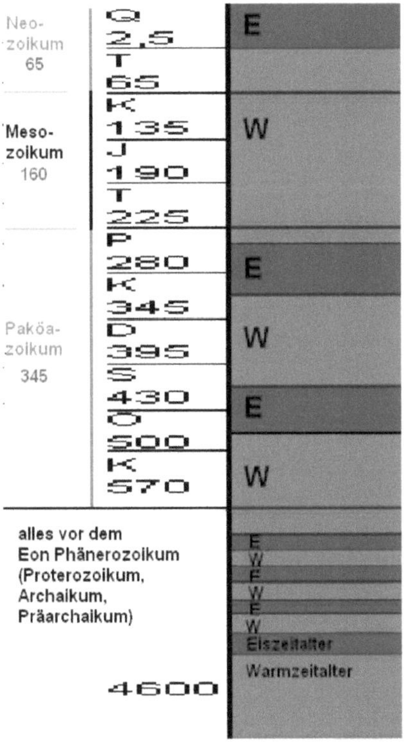

Abbildung 1: Schematische Darstellung der Warm- und Eiszeitalter im Verlauf der Erdgeschichte

Abbildung 1 zeigt schematisch die aufgetretenen Warm- und Eiszeitalter im Laufe der Erdgeschichte, die im Folgenden näher erläutert werden sollen. Diese Wechsel entsprechen den Wechseln relativer Warm- und Kaltzeiten in kleinem Maßstab ziemlich gut, da Eiszeitalter im Allgemeinen natürlich relativ kälter als Warmzeitalter sind. Kurzfristigere Warm- und Kaltzeiten bleiben dabei entsprechend unberücksichtigt, das vorhandene Datenmaterial ist schon für die untersuchten Zeiträume nicht eindeutig auswertbar, was sich nicht zuletzt in Differenzen der Angaben in unterschiedlichen Quellen ablesen lässt.

3.1.1 Von der Entstehung der Erde bis zum Kambrium

Diese Zeitspanne umfasst über 4 Milliarden Jahre und enthält die drei Epochen Präarchaikum, Archaikum und Proterozoikum. Gassmann beschreibt den Zustand der Erde direkt nach ihrer Entstehung als „glühende Masse flüssigen Gesteins" (Gassman 1994, S.57). Durch Absinken der Metalle und anschließendes Verfestigen der Oberfläche entstand die Erdoberfläche im Großen und Ganzen so, wie wir sie heute kennen. Zu Beginn setzte sich die Atmosphäre aus Wasserdampf, Kohlendioxid und Stickstoff zusammen. Der Treibhauseffekt war enorm und das obwohl die Sonneneinstrahlung um fast ein Drittel unter der heutigen lag (ebenda). Schönwiese spricht von einer „Schallgrenze der paläoklimatischen Rekonstruktion" (Schönwiese 1995, S.113) vor 3,8 Milliarden Jahren. Vor dieser Zeit sind sichere Aussagen über die Temperaturverhältnisse auf der Erde kaum möglich. Auf jeden Fall muss es zu einer Abkühlung gekommen sein, so dass sich ein Ozean durch Kondensation des Wasserdampfes bildete. In diesem Ozean entwickelten sich dann erste Lebewesen. Der Sauerstoffgehalt der heutigen Atmosphäre ist auf die Entwicklung des Lebens und damit der Photosynthese zurückzuführen. Nach Ludwig (2006, S.26) begannen Cynobakterien (siehe Abbildung 2), die so genannten Blaualgen schon vor 4 Milliarden Jahren damit, Kohlenstoffdioxid in Sauerstoff umzuwandeln.

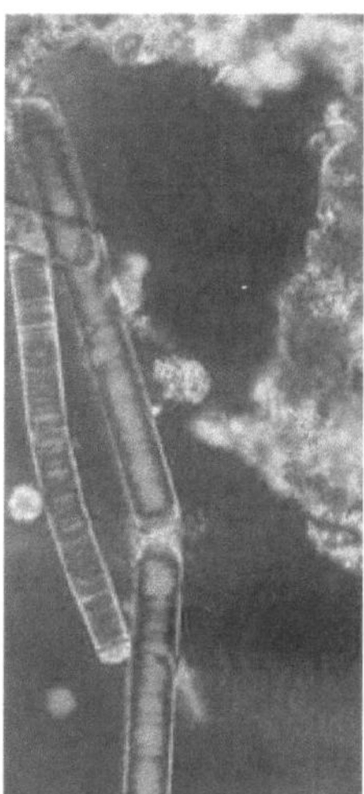

Abbildung 2: Die ersten Lebewesen auf der Erde: Blaualgen

Bis dies allerdings in der Atmosphäre Auswirkungen zeigte, dauerte es einige Zeit, da zuerst im Ozean Eisen oxidiert und damit gebunden wurde. Als die Ausgasung dieses anfangs nur Abfallproduktes des Algenstoffwechsels in die Atmosphäre begann, stellte sich ein relativer Kreislauf ein. Dieser hatte einen Wechsel von Warm- und Eiszeitaltern in der frühen Erdgeschichte zufolge, der sich über den Kohlenstoffdioxid- und Sauerstoffgehalt der Atmosphäre regulierte (Ludwig 2006, S.29): Die Blaualgen verbrauchen Kohlenstoffdioxid und geben dafür Sauerstoff an die Atmosphäre ab. So kommt es zu einer Verringerung des Treibhauseffektes, was eine Abkühlung und letztendlich eine Vereisung von zumindest einigen Gebieten der Erde zur Folge hat. Die Bakterien sterben nun aber größtenteils ab, da sie an ein wärmeres Klima angepasst sind. Dadurch überwiegt der permanente Kohlenstoffdioxidausstoß durch vulkanische Aktivität den Verbrauch der verbliebenen Bakterien und der Kohlenstoffdioxidgehalt nimmt wieder zu. Der Treibhauseffekt führt zu einer Erwärmung und einem Abschmelzen der Eismassen, allerdings auch wieder zu einer Ausbreitung der Blaualgen und der Kreislauf beginnt von vorne. Nebenbei schreitet die Evolution voran und es wird zudem mit der Zeit eine Ozonschicht aufgebaut, die es später den Lebewesen ermöglichen wird, das Land zu besiedeln.

Die vier so aufgetretenen Einzeitalter nach Schönwiese (1995, S. 113) sind das Archaische Eiszeitalter um etwa vor 2500 bis 2300 Millionen Jahren vor heute, das Algonkische Eiszeitalter um etwa vor 950 Millionen Jahren vor heute und das Eokambrische Eiszeitalter, das in zwei Phasen um etwa 650 und 750 Millionen Jahre vor heute untergliedert wird.

3.1.2 Das Paläozoikum

Das Paläozoikum stellt das chronologisch erste Zeitalter der Epoche des Phanerozoikums, welche die gesamte Erdgeschichte vom Kambrium bis heute umschließt, dar. Es dauerte von vor etwa 570 bis vor 225 Millionen Jahren vor heute an und beginnt mit einer warmen Phase aus obigem Kreislauf. Gleich zu Beginn, in der Periode des Kambriums, kam es zu einer explosionsartigen Vervielfachung der Arten. Man bezeichnet diesen plötzlichen Artenzuwachs auch als ‚Kambrische Explosion'. Die entstandene Ozonschicht erlaubte es im Ordovizium ersten Pflanzen das Festland als Lebensraum zu nutzen. Durch deren Ausbreitung allerdings ging der Kohlenstoffdioxidgehalt der Atmosphäre soweit zurück, dass eine Vereisung einsetzte. Verstärkt wurde diese durch die Plattentektonik: Gondwana befand sich in Polrandlage und bot so optimale Voraussetzungen für eine starke Festlandvereisung am Südpol (Ludwig 2006, S.27). Da dieses Eiszeitalter den Übergang vom Ordovizium zum Silur umfasst, bezeichnet man es als Silur-Ordovizisches Eiszeitalter. Ludwig (2006, S.35) beschreibt noch eine Alternativtheorie für dessen Eintreten: Ein sterbender Stern in der Milchstraße erzeugte demnach eine große

Explosion und die so entstandenen Gammastrahlen führten neben der Zerstörung eines Großteils des Lebens, zu einer Verdunkelung der Atmosphäre durch Smogbildung, ausgelöst durch chemische Prozesse.

Im Silur driftete Gondwana in Pollage (Ludwig 2006, S.36) und die Eisdecke schmolz wieder, da der kontinentale Pol zu trocken wurde, um die Eismasse zu erhalten. Die so eingeleitete Warmzeit überdauerte das ganze Devon, in dem sich riesige tropische Wälder bildeten, deren geringere Albedo als die der entsprechenden kahlen Landmasse allerdings den Treibhauseffekt einigermaßen kompensieren konnte. Das Karbon war wiederum geprägt von einer deutlichen Abkühlung, bedingt durch die erneute Kontinentaldrift Gondwanas in Polrandlage und damit einer wieder einsetzenden Vereisung und der parallel stattfindenden Verengung und letztlich Schließung der Meeresöffnung zwischen Gondwana und Euramerika (Ludwig 2006, S.40). Letzteres führte durch Ablenkung kalter Meeresströmungen in die Tropen zu weiterer Abkühlung. Bezeichnet wird dieses Eiszeitalter am Übergang zum Perm als Permokarbonatisches Eiszeitalter. Im Perm entstand durch weitere Kontinentalverschiebung letztendlich der Superkontinent Pangäa im Weltozean Panthalassa, dessen Ausmaße in Abbildung 3 deutlich werden.

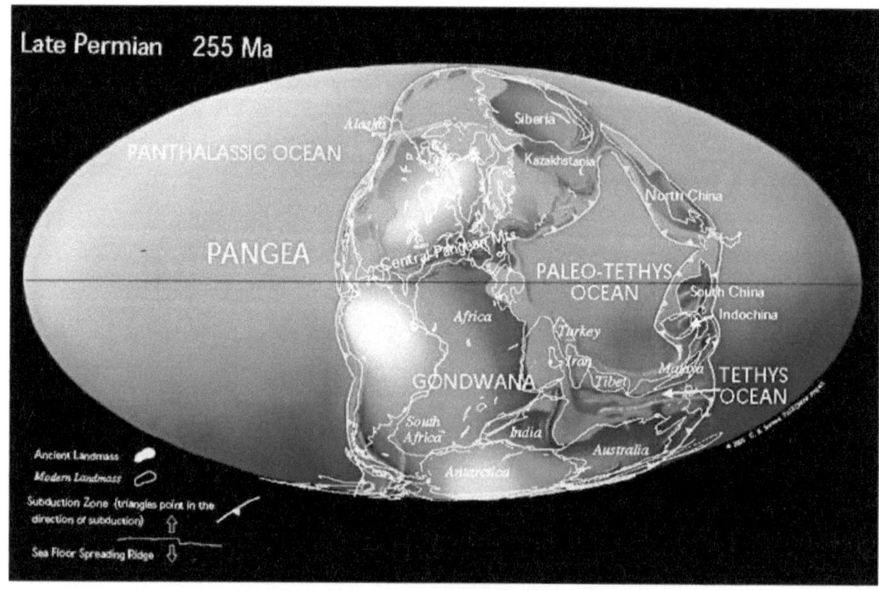

Abbildung 3: Superkontinent Pangäa im Weltozean Panthalassa

Durch die enorme Größe Pangäas kam es zu einer Temperaturerhöhung durch dessen extreme Kontinentalität. Zudem herrschte sehr starke Vulkanaktivität gegen Ende des

Perms vor, welche durch den erhöhten Ausstoß von Kohlenstoffdioxid diese Entwicklung unterstützte. Das Ende des Perms ist markiert durch das größte Massensterben der Erdgeschichte, das nach Ludwig (2006, S.42) 95% der marinen und 75% der Lebewesen auf dem Festland das Leben kostete. Die Theorien, die als Ursache dafür diskutiert werden sind vielfältig, es stehen zur Debatte: Starke auftretende Strahlung aus dem Kosmos, ein Meteoriteneinschlag und ein darauf folgender Tsunami, giftige Vulkangase, die die Ozonschicht schädigten, Sauerstoffmangel, Abkühlung und Meeresspiegelabfall oder Erwärmung und Meeresspiegelanstieg. Dieses Artensterben hatte jedenfalls weitere wichtige Auswirkungen auf den folgenden Temperaturverlauf im Mesozoikum.

3.1.2 Das Mesozoikum

Das Mesozoikum oder Erdmittelalter, das von vor 225 Millionen Jahren bis vor 65 Millionen Jahren reicht, gilt als das Zeitalter der Dinosaurier. Es begann mit einer extremen Aufheizungdurch die Kontinentalität Pangäas und Vulkanaktivität seit Ende des Perms (Ludwig 2006, S.49). Hier spielte nun das Massensterben aus dem Perm eine große Rolle, denn so fehlten anfangs zudem die Pflanzen, die Kohlendioxid in Sauerstoff umwandeln konnten. Es kam so also zu einem Supertreibhauseffekt und sogar gemäßigten Temperaturen an den Polen im Winter. Das Auseinanderbrechen Pangäas und die Entstehung des Atlantiks sorgten dann einerseits für eine Veränderung des Klimas von warm-trocken zu warm-feucht, andererseits aber zu noch mehr Vulkanaktivität und damit weiterer Aufheizung. Das Ende des heißen Mesozoikums wird mit dem Dinosauriersterben markiert. Auch die Ursache hierfür ist nicht hinreichend geklärt. Als am wahrscheinlichsten gelten ein gigantischer Meteoriteneinschlag im Golf von Mexiko oder extremer Vulkanismus, in beiden Fällen müsste es aber zu einer kurzfristigen Trübung der Atmosphäre und damit Verhinderung der Sonneneinstrahlung auf die Erde und somit einem weiteren Pflanzenabsterben gekommen sein (Gassmann 1994, S.56).

3.1.2 Das Neozoikum

Von vor 65 Millionen Jahren bis heute erstreckt sich das Neo- oder Känozoikum, die ‚Erdneuzeit‘. Die offensichtliche abrupte Abkühlung am Ende des Mesozoikums hielt nicht lange an, es setzte stattdessen bald wieder eine starke Erwärmung ein, deren Ursache wohl in der Freisetzung großer, sehr treibhauswirksamer Methanmengen zu finden ist (Ludwig 2006, S.57f). Es wurde kurzfristig so warm, dass sogar Palmen auf Kamtschatka und Alligatoren in der Arktis zu finden waren. Wiederum als Ursache für den Vorgang der Methanfreisetzung werden bei Ludwig (ebenda) entweder Erdrutsche durch

Kontinentalverschiebung, heiße Quellen am Meeresboden, Meteoriteneinschläge oder eine ungeklärte Erwärmung der Wassertemperatur genannt, die das im Ozean in Kontinentrandlage gespeicherte Methan in die Atmosphäre brachten. Die Abkühlung im Folgenden lief asymmetrisch ab. Während die Nordhemisphäre noch längere Zeit eisfrei blieb, setzte auf der Antarktis bald eine großflächige Vereisung ein. Hierfür kann die Plattentektonik verantwortlich gemacht werden. So kam es dazu, dass die Antarktis sich von Südamerika und Australien trennte, nach Ludwig (2006, S.64) trat dies vor 70 beziehungsweise 35 Millionen Jahren ein und es entstand die Drake-Straße zwischen Südamerika und der Antarktis und die Tasmansee zwischen der Antarktis und Australien, die heute aussieht wie in Abbildung 4 dargestellt.

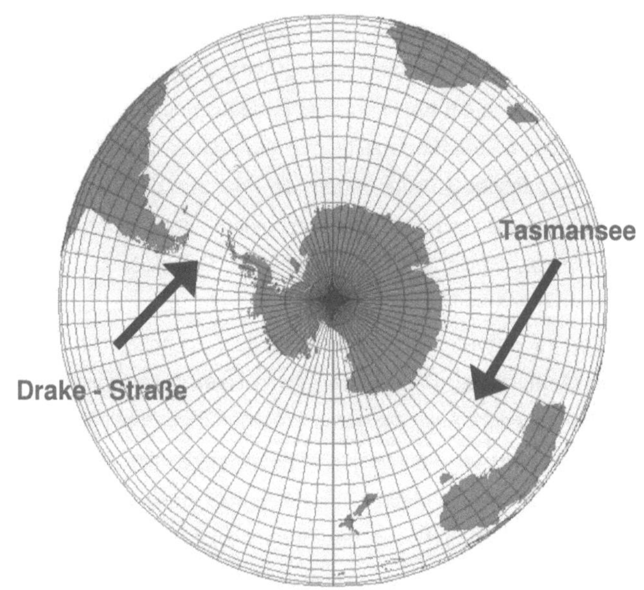

Abbildung 4: Die Drake-Straße und die Tasmansee

Durch den Westwindzirkulationsmechanismus angetrieben, entstand ein Zirkumpolarstrom, der die Antarktis isolierte und die Wassertemperatur weiter abkühlen lies. Eine Vereisung war dann leicht möglich, zumal die Antarktis sich zwar in Pollage befand (beziehungsweise sich immer noch befindet), ihre Größe allerdings zu gering ist, um wie Gondwana im Silur durch Kontinentallage des Pols eine Vereisung zu verhindern. Packeisbildung ging der Festlandvereisung voraus und die eintretende Eis-Albedo-

Rückkopplung (im Kapitel 3.3.2 noch näher erläutert) führte zu weiterer Abkühlung. Laut Schönwiese (1995, S.110f) setzte die permanente Vereisung auf der Nordhemisphäre dann vor etwa 3 Millionen Jahren ein, so fällt die gesamte Periode des Quartärs in dieses Eiszeitalter, weswegen man es auch als Quartäres Eiszeitalter bezeichnet. Dieses soll in Kapitel 3.3 näher erläutert werden.

3.2 Die „Klimaschwanker"

Die Ursachen für die natürlichen Klimaschwankungen können ganz grob nach Holzapfel (1994, S.26) in äußere und innere Ursachen untergliedert werden.

3.2.1 Äußere Ursachen

Äußere Ursachen sind Ursachen der Klimaschwankungen, die von außen auf die Erde einwirken und so deren Klima verändern.

3.2.1.1 Interstellare Ursachen:

Das Sonnensystem durchläuft in einem Zyklus von etwa 250 bis 300 Millionen Jahren (Holzapfel, 1994, S.30) eine elliptische Bahn durch die Milchstraße. Einerseits wird auf dieser Bahn an einigen Stellen durch Staub ein Teil der Sonnenstrahlung absorbiert, was eine Verringerung der Einstrahlung auf die Erde zur Folge hat. Andererseits ist die Newtonsche Gravitationskonstante auch nicht konstant und verändert sich – zugegebenermaßen nur in sehr kleinem Maßstab zu erkennen– je nach Position des Sonnensystems in der Milchstraße und dem Abstand zu deren Zentrum. Sie hat Auswirkungen auf die Erdbahnparameter, die Geschwindigkeit, mit der sich der Erdbewegung vollzieht und wirkt sich letztendlich dann auch auf die Sonneneinstrahlung auf der Erde aus.

3.2.1.2 Die Milankovitchparameter

Diese Erdbahnparameter wurden zum ersten Mal von Milutin Milankovitch, einem serbischen Bauingenieur und Klimaforscher bereits 1920 (Schönwiese 1995, S.128) mit den Klimaschwankungen der Erde in Zusammenhang gebracht und korrelieren teilweise erstaunlich gut mit den Veränderungen der Temperaturverhältnisse auf der Erde. Bei diesen Erdbahnparametern, die ihren Ursprung in den Gravitationskräften zwischen Sonne, Erde, Mond und den anderen Planeten haben, handelt es sich im Speziellen um die Exzentrizität, die Obliquität und die Präzession, die in Abbildung 5 schematisch dargestellt sind.

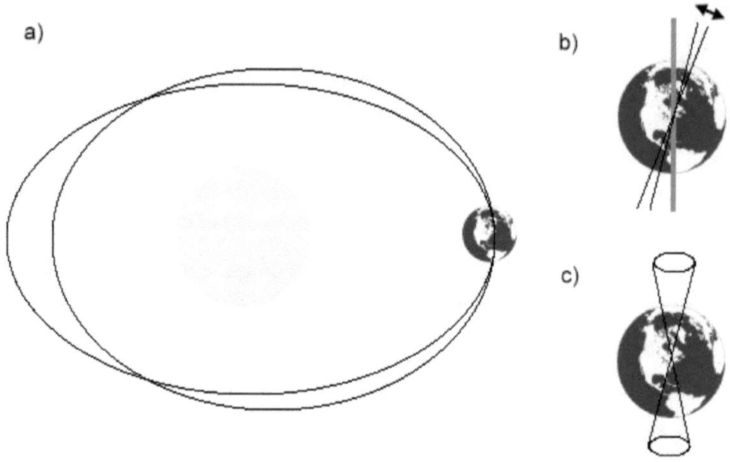

Abbildung 5: schematische Darstellung der Milankovitchparameter

Erstere bedeutet eine Veränderung der Erdbahn um die Sonne von einer relativen Kreis- in eine Ellipsenbahn und wieder zurück in einem Zyklus von etwa 100.000 Jahren. Momentan ist die Erdbahn nach Schönwiese (1995, S.129) fast kreisförmig. Je nach Form erhält die Nord- oder die Südhemisphäre einen größeren Teil der Sonnenstrahlung, was bei der asymmetrischen Land-Meer-Verteilung Auswirkungen auf die globale Temperatur hat, wenn diese an sich auch nur gering sind und nur als Anstoß für Klimaerwärmung oder -abkühlung dienen können. Unter der Obliquität versteht man die Variation der Schiefe der Ekliptik, also der Neigung der Rotationsachse der Erde gegen ihre Bahn zwischen einem Winkel von 21,6° und 24,5°. Diese Schwankung vollzieht sich in einem Zyklus von etwa 41.000 Jahren, momentan beträgt der Winkel 23°27' (Holzapfel 1994, S.27). Dadurch kommt es zu einer Veränderung des Jahresgangs der Temperatur, die Ekliptikschiefe ist nämlich verantwortlich für die Existenz von Sommer und Winter. Die Präzession beschreibt eine Kreiselbewegung der Erdrotationsachse in einem Zyklus von etwa 25.800 Jahren, was einem ‚Platonischen Jahr' entspricht (Ludwig 2006, S. 80). So ändern sich vor allem die Zeitpunkte der Äquinoktien.

3.2.1.3 Veränderung der Intensität der Sonnenstrahlung

Die Solarkonstante, die etwa 1367 W/m² beträgt ist nach Holzapfel (1994, S.26) nicht ganz so konstant, wie ihre Bezeichnung suggeriert. Sie schwankt in relativ großem Maßstab durch eine Variation der Sonnenausstrahlung schwach mit dem Sonnenfleckenzyklus. Dieser ist noch ziemlich ungenau erforscht, seine Existenz wird allerdings kaum bestritten, wird er doch immerhin schon seit 1610 (Schönwiese 1995, S. 124) dokumentiert. Die Schwankungen betragen nicht mehr als ein halbes Prozent und finden in einem etwa elfjährigen Zyklus statt (Holzapfel 1994, S.26). Es treten hierbei dunkle, kühle Flecken auf der Sonnenoberfläche auf, die einen Durchmesser von einigen tausend Kilometern haben. Durch gleichzeitiges Auftreten von so genannten Sonnenfackeln und damit Überkompensation der kühleren Sonnenoberfläche kommt es bei der maximalen Anzahl der Sonnenflecken zur höchsten Einstrahlung auf der Erde (Gassmann 1994, S. 11). Der Zyklus lässt sich auf der Erde beispielsweise an Baumjahresringen ablesen.

Des Weiteren spricht Gassmann (1994, S. 12) davon, dass die Sonnenstrahlung ständig zunimmt. So gibt es heute bereits im Verhältnis zur Zeit der Entstehung der Erde eine um 30% größere Solarkonstante, die entsprechend weiter zunehmen wird. Die Begriffe vom ‚Weißen Riesen' und vom ‚Roten Zwerg' seien hier nur am Rande erwähnt.

3.2.2 Innere Ursachen

Nahe liegender und für uns wahrscheinlich besser nachvollziehbar -da zumeist auch besser erforscht- sind die inneren Ursachen von Klimaänderungen. Diese sind Ursachen, die auf der Erde selbst wirken und oft ist ihr Ursprung auch in oder auf der Erde zu finden.

3.2.2.1 Plattentektonik

Die Plattentektonik ist ein enorm wichtiger Faktor, wenn wir Temperaturveränderungen auf der Erde erklären wollen. Insbesondere die Kontinentaldrift hat im Laufe der Erdgeschichte immer wieder für neue Voraussetzungen gesorgt, wie in Kapitel 3.1 bereits angesprochen. Hierbei sind zum einen die ‚Kontinentendichte', zum anderen die geografische Lage der Kontinente entscheidend. Mit ‚Kontinentendichte' ist gemeint, wie nahe die Kontinente zusammen liegen, beziehungsweise wie viele und wie große Kontinente wir auf der Erde vorfinden. In diesem Zusammenhang wurde von Murphy und Nance 1992 (in Holzapfel 1994, S. 32) eine Theorie aufgestellt, nach der ein fünfhundertmillionenjähriger Zyklus besteht, der zwischen einem Superkontinent – vergleichbar mit Pangäa im Perm/Trias– und vielen kleineren Einzelkontinenten, wie wir sie heute vorfinden, schwankt. Ein einziger Kontinent erzeugt ein ganz anderes Klima als viele kleinere. Durch die extreme Kontinentalität wird es insgesamt wärmer. Die geografische Lage der einzelnen Kontinente hat sich in der Erdgeschichte ebenfalls schon mehrfach ausgewirkt. So kann sie manchmal als Erklärung für Warmzeitalter, an anderen Stellen für Eiszeitalter herangezogen werden. Für einen großen Kontinent wie beispielsweise Gondwana ist eine Polrandlage, wie sie im Ordovizium oder Karbon vorlag, optimal um zu vereisen. In Pollage dagegen kommt es entgegen des ersten Gedankens zu keiner Vereisung, da der kalte Pol viel zu trocken ist, um zu vereisen. Dies war beispielsweise im Silur ebenfalls bei Gondwana der Fall (siehe auch Kapitel 3.1.2). Das heißt allerdings nicht, dass ein Kontinent in Pollage nicht vereisen könnte! Die Antarktis in heutiger Lage ist ein Gegenbeispiel. Sie ist wesentlich kleiner und somit ist die Kontinentalität nicht so ausgeprägt. Die Verteilung der Kontinente auf dem Globus beeinflusst zudem die Auswirkungen der Erdbahnparameter und die ozeanische Zirkulation (Holzapfel 1994, S.31).

Ein weiterer wichtiger Punkt bei der Betrachtung der Auswirkungen der Plattentektonik auf das Klima ist die Gebirgsbildung, die sich zum einen in einer Unterbrechung oder Veränderung von Zirkulationsmechanismen –insbesondere von Windzirkulation– und zum anderen in einem verstärkten Niederschlag in Gebirgsregionen zeigt. Letzteres hat nach Holzapfel (1994, S.31) eine potentiell größere Vereisung durch Schneefall und geringere Temperaturen in höher gelegenen Gebieten zur Folge und wirkt sich somit durch Rückkopplungen (siehe auch Kapitel 3.3) auch auf das globale Klima aus.

An dieser Stelle sei noch die kontinentale Hebung oder Senkung erwähnt, die sich durch Albedoänderung indirekt auch auf die Temperatur auswirkt. Wasseroberfläche nimmt mehr Sonnenenergie auf als Landoberfläche, bei Hebungsvorgängen wird es also insgesamt im Allgemeinen kälter, bei Senkungsvorgängen wärmer.

3.2.2.2 Salzgehalt, Zirkulation und Eisbildung der Ozeane

Diese drei Faktoren beeinflussen sich sehr stark gegenseitig. Es besteht ein direkter Zusammenhang zwischen Eisbildung und Salzgehalt im Ozean. Entscheidend hierfür sind zwei markante Temperaturpunkte. Zum einen die Temperatur, bei der Wasser seine maximale Dichte erreicht und zum anderen der Gefrierpunkt des Wassers. Erstere beträgt bei reinem Süßwasser 4 °C und sinkt mit steigendem Salzgehalt schnell um einige Grad ab. Der Gefrierpunkt, der bei Süßwasser bei 0 °C liegt, sinkt zwar auch bei steigendem Salzgehalt, allerdings langsamer. So ist es zu erklären, dass beide Werte sich einander annähern. Bei einem Salzgehalt von 2,5% liegt hier die entscheidende Grenze, bei der die Werte mit -1,3 °C zusammenfallen (Holzapfel 1994, S.33). Der Zusammenhang zur Eisbildung ist nun leicht herzuleiten. Beträgt der Salzgehalt eines Gewässers weniger als 2,5%, so liegt die Temperatur des Wassers mit maximaler Dichte über dem Gefrierpunkt. Das bedeutet, dass bei einer Abkühlung der Wasseroberfläche die Schichtung stabil ist und kaum Austausch zwischen oberflächennahen und tieferen Schichten besteht. Das leichtere Wasser an der Oberfläche kann gefrieren und bildet eine Eisschicht, ohne dass die Zirkulation entgegen wirken könnte. Ab einem gewissen Vereisungsgrad steigt der Salzgehalt des nicht gefrorenen Wassers darunter allerdings an und die

Ozeantiefenzirkulation wird angekurbelt. Denn Wasser mit Salzgehalt von mehr als 2,5% hat bei einer Abkühlung an der Oberfläche keine stabile Schichtung mehr. Das Wasser kühlt an der Oberfläche ab, wird so dichter und sinkt, bevor es gefrieren kann. Dadurch kommt es zu einem sehr guten Energieaustausch des Wassers bis in große Tiefen. Wenn es in diesem Fall zu einer Vereisung kommen sollte, müsste diese entsprechend tief reichen und würde eine enorme Abkühlung voraussetzen. Im freien Ozean beträgt der Salzgehalt laut Holzapfel (1994, S.33) etwa 3,5%, Eisbildung ist hier also ziemlich unwahrscheinlich. Dass von einer Folge aber nicht unbedingt auf eine Ursache geschlossen werden kann, sei hier an einem Beispiel erläutert: Eine starke Vereisung kann als Ursache eine bereits vorhandene Vereisung haben (Eis-Albedo-Rückkopplung, in Kapitel 3.2 erläutert), kann aber genauso auf eine Eisschmelze großer kontinentaler Eismassen zurückgeführt werden, die den Salzgehalt im Ozean senkt und so -wie in diesem Abschnitt erläutert- die Eisbildung vorantreibt. In Kapitel 3.3.3 wird genau dieses Phänomen für die Jüngere Dryaszeit beschrieben.

Zwischen dem Atlantischen, dem Pazifischen und dem Indischen Ozean, besteht ein Zirkulationsmechanismus, der thermohalinen Ursprungs ist, also durch Salzgehalts- und Temperaturunterschiede in Gang gehalten wird. Man spricht in diesem Zusammenhang auch vom „Große[n] Marine[n] Förderband" (Ludwig 2006, S.90), das auch den Golfstrom beinhaltet. Dieses im Detail zu erläutern würde hier den Rahmen sprengen. Erwähnt sei nur, dass Veränderungen von Salzgehalt und Wassertemperatur des Ozeans, diese Zirkulation unterbinden oder schwächen können und so zu Temperaturänderungen, in Teilen der Erde führen können.

3.2.2.3 Veränderungen des CO2-Gehalts der Atmosphäre

In Kapitel 3.1 wurde der Anteil des Treibhausgases Kohlenstoffdioxid an der Atmosphäre mehrfach als Ursache für eine globale Erwärmung genannt. Kohlenstoffdioxid gelangt besonders in Zeiten starker plattentektonischer Aktivität durch Vulkane in die Atmosphäre und geht durch die von Pflanzen betriebene Photosynthese zurück. Grob funktioniert der Treibhauseffekt so, dass kurzwellige Sonnenstrahlung durch atmosphärische Fenster zwar bis zur Erdoberfläche durchdringen kann, die langwellige Erdausstrahlung hingegen durch die Treibhausgase zurückgehalten wird, so wie in Abbildung 6 angedeutet. Neben Kohlenstoffdioxid sind als Treibhausgase hier insbesondere noch Methan und Wasserdampf zu erwähnen. Sein Maximum erreichte der CO2-Gehalt der Atmosphäre kurz nach der Entstehung der Erde.

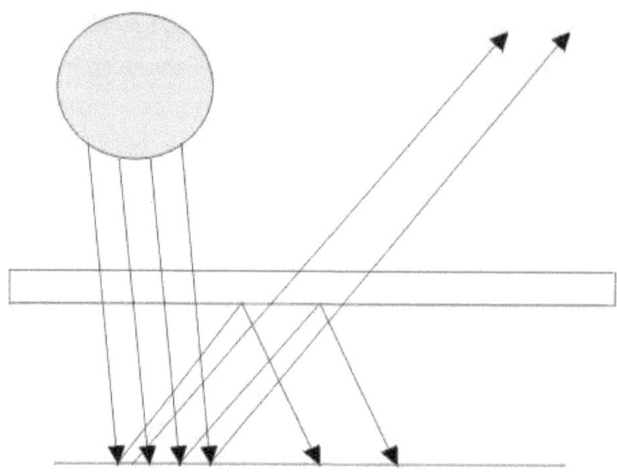

Abbildung 6: einfache Skizze zum Treibhauseffekt

3.2.2.4 Trübung der Atmosphäre durch Meteoreinschläge

Das kurzfristige und zumeist einmalige Ereignis des Einschlags eines großen Meteoritens auf der Erdoberfläche oder heftige Eruptionen mehrerer großer Vulkane können zu einer kurzfristigen Trübung der Atmosphäre durch große Mengen aufgewirbelten Staubes sorgen. Durch diese kurzzeitige Verdunkelung und Abkühlung kommt es zum Absterben eines Großteils der vorhandenen Pflanzenwelt. Dies mag sich zwar nur kurzfristig auf die globale Temperatur auswirken, bringt aber doch weitreichende Folgen mit sich, so fehlen letztendlich die ‚CO2-Verbraucher' und der Gehalt des Kohlenstoffdioxids an der Atmosphäre steigt an. Ein solches Ereignis wird auch als gängigste Erklärung für das wohl bekannteste Massensterben in der Erdgeschichte, das Aussterben der Dinosaurier herangezogen. Ludwig (226, S.53f) stellt die beiden Hauptthesen für dieses Ereignis vor: Entweder soll der Einschlag eines gigantischen Meteoritens im Golf von Mexiko beim heutigen Fischerdorf Chicxulub für eine abrupte Verdunkelung gesorgt haben, die die Nahrungskette unterbrach, die Ozonschicht zerstörte und die Atmosphäre vergiftete oder durch weltweite Feuer für Zerstörung sorgte. Oder aber eben könnte sehr starke Vulkanaktivität die Ursache des Massensterbens gewesen sein. Letzteres scheint heute allerdings fast schon wieder widerlegt, da Anzeichen dafür zeitlich nicht ganz mit dem Ende der Dinosaurier korrelieren.

3.2.2.5 Aerosole

Der Einfluss von Aerosolen auf die Temperatur an der Erdoberfläche ist sehr komplex und heutzutage noch wenig erforscht. Da ihr Ursprung -abgesehen von einem kleinen vulkanischen Anteil- fast ausschließlich anthropogen ist, sei hierauf an dieser Stelle nur kurz eingegangen. Aerosole sind feste oder flüssige Schwebeteilchen, die in der Atmosphäre als Kondensationskerne wirken, als Katalysatoren für chemische Prozesse dienen und Lichtreflektoren darstellen. Sie können je nach Einfallswinkel der Sonnenstrahlung regional entweder für Erwärmung oder aber für Abkühlung sorgen. Zudem haben sie Einfluss auf den Niederschlag (Holzapfel 1994, S36ff).

3.3 Klimaschwankungen Im Quartär

In der letzten Periode des Neozoikums hat es eine ganze Reihe erheblicher Schwankungen der Temperatur gegeben. Das letzte Warmzeitalter ist mit dem Tertiär zu Ende gegangen, das Quartär, das bis heute reicht markiert ein Eiszeitalter. Die Schwankungen seit vor einer Million Jahren sind in Abbildung 7 ersichtlich. Die Amplitude der quartären Klimaschwankungen nahm bis heute immer weiter zu.

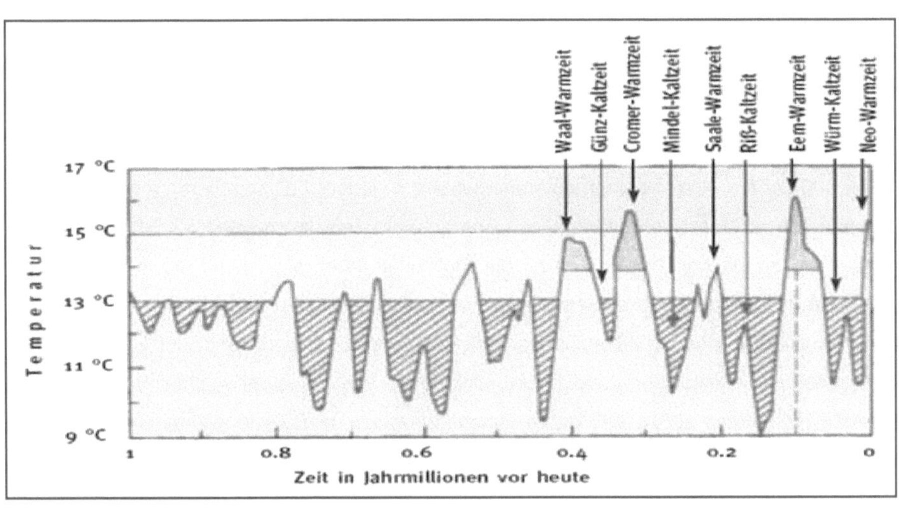

Abbildung 7: Klimaschwankungen seit einer Million Jahre vor heute

3.3.1 Das Quartär

Wie im *gdreport* des Geologischen Dienstes Nordrhein-Westfalen (2006, S.4f) angesprochen wird, hat es mit der Bezeichnung des Quartärs in letzter Zeit einige Änderungen und Unstimmigkeiten gegeben. Im Folgenden sei mit Quartär derjenige Zeitraum gemeint, der vor 2,6 Millionen Jahren begann und so die gesamte Menschheitsentwicklung umfasst. Diese Einteilung ist schon allein deshalb sinnvoll, da das Quartär dann die gesamte Zeitspanne seit Beginn der kompletten Vereisung der nördlichen Hemisphäre umfasst (Ludwig, 2006, S.89). Das Quartär beinhaltet so die Perioden des Holozän, Pleistozän und sogar noch einen Teil des Pliozäns. Das Quartäre Eiszeitalter umfasst eine Vielzahl an sich abwechselnden Eiszeiten, den Glazialen, und Zwischeneiszeiten, den Interglazialen. Für die letzten 4 großen Eiszeiten sind in Süddeutschland allgemein die Bezeichnungen Günz, Mindel, Riss und Würm geläufig. Diese wurden bei einem Preisausschreiben des Deutschen Alpenvereins von Penck und Brückner vorgeschlagen (Schönwiese 1995, S. 105). Die letzte Warmzeit war die Eem-Warmzeit, die letzte Kaltzeit die Würm-Kaltzeit.

3.3.2 Warm- und Kaltzeiten im Wechsel

Wenn nun von Warm- und Kaltzeiten gesprochen wird, dann sind in diesem Kapitel die Glaziale und Interglaziale des Quartärs gemeint. Nach Schönwiese (1995, S.105) gibt es im Quartär 23 benannte Kaltzeiten, die allerdings nur einen Teil aller existierenden darstellen. Ludwig (2006, S.95) spricht davon, dass die Zyklen über Glazial und Interglazial in den ersten 1,8 Millionen Jahren des Quartärs noch etwa 41.000 Jahre andauerten, seit 700.000 Jahren aber ein 100.000-Jahr-Zyklus überwiegt, Ruddiman (2001, S. 270) hingegen betont einen Beginn des charakteristischen Zyklus von 100.000 Jahren vor 900.000 Jahren. Ob der Wechsel der Zyklusdauer sich vor 700.000 oder 900.000 Jahren vollzogen hat, sei dahingestellt. In jedem Fall korrelieren die Zyklen sehr genau mit der Variation der Milankovitchparameter (siehe auch Kapitel 3.1.1.2). Während bis zu eben beschriebener Grenze die Obliquität (aber auch die Präzession) für den Wechsel von relativen Warm- und Kaltzeiten ursächlich verantwortlich war, so wurde der Zyklus der Exzentrizität im Folgenden entscheidend. Der Wechsel in der Hierarchie der Parameter wird mit einer ständigen Abkühlung der so insgesamt wachsenden Eismasse erklärt (Ruddiman 2001, S.271), die langsamer wirkende Rückkopplungseffekte in Gang setzte. Die Zyklen der Obliquität und Präzession von 41.000 und 23.000 Jahren führten dann nur noch zu kleineren Schwankungen in diesem größeren Glazial-Interglazial-Zyklus. An dieser Stelle sei noch mal auf die Fragestellung nach den Ursachen des Auftretens von Glazialen und Interglazialen eingegangen. Als Auslöser gelten die Milankovitchparameter, doch ist deren Auswirkung auf die Strahlungsbilanz an sich viel zu gering, um eine Vereisung oder ein Abschmelzen alleine zu verursachen (Ruddiman 2001, S.268). Sie ziehen vielmehr eine ganze Reihe positiver Rückkopplungen nach sich, die den Vereisungs- bzw. Abschmelzungsvorgang vorantreiben und so die eigentlichen Auswirkungen der Einstrahlungsänderung mit einem Faktor von 10 verstärken können (Gassmann 1994, S.70). Als Hauptursache kann also die Instabilität des Klimas angenommen werden. Dadurch, dass ein Gleichgewichts- oder ‚Normalzustand' fehlt, findet eine heftige Reaktion des Klimasystems auf Änderungen der äußeren Einflüsse statt (Gassmann 1994, S.68f).

Ein Rückkopplungsmechanismus ist die Auswirkung von Löchern im durch aufliegende Eismassen deformierten Untergrund, die bei einer beginnenden Abschmelzung Wasser in größeren Tiefen erwärmen und so den Abschmelzungsvorgang verstärken (Ruddiman 2001, S.270).

Auch auf den Zusammenhang von Salzgehalt, Zirkulation und Eisbildung der Ozeane aus Kapitel 3.2.2.2 sei an dieser Stelle noch einmal hingewiesen. Der unbestritten wichtigste Rückkopplungsfaktor ist allerdings der der Eis-Albedo-Rückkopplung (Gassmann 1994, S.72). Isoliert betrachtet ist das Prinzip recht simpel: Die Albedo von Eis ist wesentlich höher als die von Wasser. Kommt es zu einer Vereisung, so wächst die Fläche, die das einfallende Licht stark reflektiert. Dadurch steigt die Albedo des gesamten Systems und es wird weniger Energie von der Erde aufgenommen. Dadurch wiederum wird es kühler und die Vereisung kann sich weiter ausbreiten. Setzt auf der anderen Seite allerdings ein Abschmelzen ein, so schrumpft die stärker reflektierende Fläche zusammen und die Albedo des Gesamtsystems nimmt ab. Durch die verstärkte Aufnahme von Sonnenenergie wird es dann insgesamt wärmer und die Abschmelzung setzt sich fort.

Wind, Ozeantiefenzirkulation und der Meeresspiegel sind weiter Faktoren. Der CO2-Gehalt spielt offenbar auch eine Rolle in diesem Zusammenhang, welche, ist allerdings nicht geklärt, da die Kurve der Eismassenkurve versetzt folgt (Ruddiman 2001, S. 272). Auch die Art der Vereisung ist wichtig, da beispielsweise marines Eis sehr viel schneller schmilzt als kontinentales (Ruddiman2001, S270f).

Ludwig fasst den Sachverhalt treffend so zusammen:

> „Obwohl die zyklische Wiederkehr und der Ablauf von Eiszeiten inzwischen recht genau beschrieben und eine Reihe der sie bestimmenden Faktoren bekannt sind, gibt es bislang keine hinreichende, allgemein anerkannte Erklärung für ihr Auftreten und Ende." (Ludwig 2006, S.96)

Da die Dauer der Glaziale die Dauer der Interglaziale immer deutlich überwiegt (Holzapfel 1994, S.22), sind die Bezeichnungen für die Kaltzeiten im Allgemeinen wesentlich geläufiger als die der Warmzeiten. Günz, Mindel, Riss und Würm wurden bereits oben schon einmal erwähnt. Die Kaltzeiten weisen im Schnitt etwa 4°-6°C kältere, die Warmzeiten 2°-3°C wärmere Temperaturen als heute auf (Holzapfel 1994, S.6). Es treten innerhalb der Glaziale sehr starke und kurzfristige Temperaturänderungen auf, so können in Jahrzehnten bis Jahrhunderten Schwankungen um einige Grad Celsius stattfinden und auch die Übergänge von einer Warm- zu einer Kaltzeit können sehr abrupt sein (Schönwiese 1995, S. 100f).

3.3.3 Würm-Kaltzeit und Eem-Warmzeit

Die letzte Warmzeit im Quartär ist die Eem-Warmzeit. Die Bezeichnung ist regional für den niederländischen und deutschsprachigen Raum und die Warmzeit erreichte ihr Maximum vor etwa 130.000 Jahren (Schönwiese 1995, S.101). Der große Unterschied zur relativ stabilen heutigen Neo-Warmzeit ist ihre Instabilität, deren Ursache nach Schönwiese allerdings unklar ist, im Mittel war sie etwa 1 °C wärmer als die Neo-Warmzeit (1995, S.102). Die Eem-Warmzeit setzte vor 140.000 bis 135.000 Jahren sehr schnell ein, ihr Ende ist nicht scharf zum Beginn der Würm-Kaltzeit abzugrenzen, entweder man spricht von einem kühlen Ende der Warmzeit oder von einem warmen Beginn der Kaltzeit, der Übergang vollzog sich im Zeitraum von vor 75.000 bis vor 115.000 Jahren (ebenda), nach Ludwig (2006, S. 95) sogar schon vor 150.000 Jahren.

Die Würm-Kaltzeit schließt an die Eem-Warmzeit an. Da es sich um die letzte Kaltzeit handelt, ist sie entsprechend gut erforscht. Die Durchschnittstemperatur betrug etwa 4°-5°C weniger als heute, bei stärkeren Unterschieden in der Wintertemperatur und in mittleren und höheren Breiten (Schönwiese 1995, S.96). Bedingt durch eine etwa dreifache Eisbedeckung verglichen mit der heutigen, lag der Meeresspiegel etwa 130 m unter dem heutigen Niveau (Ludwig 2006, S.108). Auch die Würm-Kaltzeit war alles andere als stabil. Die „Dansgaard-Oeschger-Ereignisse" (Ludwig 2006, S.109) beschreiben stadiale Schwankungen von 5° bis 10°C, die im Abstand von etwa 1500 Jahren auftraten. Die Würm-Kaltzeit hat zwei Maxima, eines um 60.000-70.000 Jahre vor heute, das andere zwischen 18.000 und 21.000 Jahren vor heute (Schönwiese 1995, S.101). Aktuell tendiert man dazu, das zweite Maximum auf 20.000 Jahre vor heute festzulegen. Die letzten Stadiale sind die Älteste Dryas (19.000-14.500 Jahre vor heute), die Ältere Dryas (13.500 -12.000 Jahre vor heute) und die Jüngere Dryas (11.000 bis 10.000 Jahre vor heute, dazwischen liegen das Bølling- und das Allerød-Interstadial, bevor der Übergang zur Neowarmzeit vor etwa 10.000 Jahren erfolgte (Holzapfel 1994, S.20). Dryas oder Silberwurz ist eine charakteristische Tundrenpflanze, die ursprünglich aus der Arktis stammt und den letzten drei Stadialen ihren Namen leiht (Ludwig 2006, S.108). Die Jüngere Dryas wird bei Ludwig (ebenda) auf die Zeit zwischen 12.700 und 10.500 Jahren vor heute datiert (im Unterschied zur Angabe bei Holzapfel). Die Ursache ihres plötzlichen, innerhalb weniger Jahrzehnte ablaufenden Kälteeinbruchs von knapp 10°C ist eine Unterbindung der Wärmeströmung des Ozeans nach Europa. Große abgeschmolzene

Gletscher des Laurentischen Eisschildes erzeugten einen riesigen See auf dem nordamerikanischen Festland. Die Wassermassen gelangten –anfangs noch von weiteren Gletschern zurückgehalten– bald sehr schnell in den Nordatlantik, verringerten so den Salzgehalt des Ozeans und brachten den Golfstrom kurzfristig zum Erliegen, da die Zirkulationsfähigkeit des Wassers stark zurückging. Damit kam es zu einer deutlichen Abkühlung und Vereisung des europäischen Kontinents, die so lange anhielt, bis der Binnensee komplett ins Meer geflossen war (Ludwig 2006, S.108 f). In dieser Zeit konnten entsprechend Gletscher auch im alpinen Raum weiter vorstoßen und die Eis-Albedo-Rückkopplung verstärkte den Prozess zusätzlich. Die momentane Neo-Warmzeit würde ohne anthropogene Einflüsse voraussichtlich in etwa 10.000 Jahren wieder in eine Kaltzeit übergehen (Holzapfel 1994, S.23).

4. Fazit

Im Laufe der Erdgeschichte hat es eine Vielzahl von teilweise sehr heftigen Klimaschwankungen gegeben. Insgesamt überwiegt die Dauer der Warmzeitalter die der Eiszeitalter klar. Jede Temperaturveränderung hatte einschneidende Auswirkungen auf die Pflanzen- und Tierwelt der Erde. Die Ursachen der Klimaschwankungen sind dabei vielfältig und komplex. Es gibt eine Vielzahl an Faktoren für Klimaänderungen, die sich gegenseitig immer beeinflussen und nie isoliert wirken. Zudem sind viele unterschiedliche, sich gegenseitig überlagernde Zyklen auffällig, die in ganz unterschiedlichen Maßstäben wirksam werden. Bei größer werdendem Maßstab werden zahlreiche kleinere Schwankungen sichtbar. Im Quartär sind dies die auffälligen 100.000-Jahr-Zyklen, deren Ursachen noch nicht hinreichend erklärt sind. Der instabile Zustand des quartären Eiszeitalters hat zur Folge, dass ein Anstoß genügt, um durch Rückkopplungen große Auswirkungen hervorzurufen.

5. Schluss /Diskussionsfrage

Man könnte sich bei der Unsicherheit der Angaben, bei der Fülle an Hypothesen und dem Mangel an sicheren Informationen die Klimageschichte betreffend fragen, wie sinnvoll die Erforschung der Klimageschichte überhaupt ist. Doch sie wird ja nicht aus einem Selbstzweck heraus betrieben. Die Erforschung der Klimageschichte ist unter anderem ein wichtiger Baustein, um Fragen der Biologie und der Evolution zu beantworten, was wiederum sogar Auswirkungen auf philosophische und religiöse Aspekte hat. Fragen, wie die nach der Entstehung der Erde können anhand von klimatischen Daten beantwortet oder zumindest teilweise beantwortet werden. Außerdem ist die Klimageschichte wichtig für das Aufstellen und Testen von Klimamodellen, man kann diese auf bereits eingetretene Ereignisse anwenden und die Resultate mit der Wirklichkeit vergleichen. Auch die Prognosen für eine zukünftige Klimaentwicklung werden einfacher, wenn man den bisherigen Verlauf kennt, so kann man doch am besten aus der Vergangenheit für die Zukunft lernen. Zudem wird erst bei einem Vergleich des Maßstabes zwischen natürlichem und anthropogen verursachtem Klimawandel die Größenordnung der anthropogen verursachten Änderungen der Temperatur deutlich. Wofür die Erde alleine Jahrtausende benötigt, das schafft der Mensch in wenigen Jahrzehnten. An dieser Stelle breche ich allerdings meine Überlegungen ab und schließe den Kreis zur Einleitung hin. Die Arbeit hatte als Ziel, die klimatischen Veränderungen der Erdgeschichte in verschiedenen Maßstäben zu beleuchten und ihre Ursachen zusammenzutragen und zu erläutern. Würde der Eintagsfliegenprofessor aus der Einleitung, der den Zeitraum bis zum letzten Winter gerade noch so überblickt, sie in die Hände bekommen, wer weiß, was er dächte. Vielleicht wäre er entsetzt, wenn ihm die winzige Dauer seines eigenen Lebens in Verhältnis zur rund 1.679.000.000.000 Tage andauernden Erdgeschichte bewusst würde, vielleicht würde er deshalb völlig in Verzweiflung oder Resignation ausbrechen, vielleicht würde er sogar seinen Professorenhut an den Nagel hängen, vielleicht würde er aber auch einfach die Arbeit wieder beiseite legen und denken, wie verrückt die Menschen doch sein müssen, sich über so etwas überhaupt Gedanken zu machen...

6. Quellen

6.1 Literatur

BERGER, A.; IMBRIE J.; HAYS, J.; KUKLA, G.; SALTZMAN, B. (1984): Milankovitch and Climate; Understanding the Response to Astronomical Forcing. Dordrecht, Boston, Lancaster: Reidel

GASSMANN, Fritz (1994): Was ist los mit dem Treibhaus Erde. Stuttgart, Leipzig: Teubner

HOLZAPFEL, Christian (1994): Das Klimasystem unserer Erde. Jülich: Forschungszentrum Jülich

LUDWIG, Karl-Heinz (2006): Eine kurze Geschichte des Klimas; Von der Entstehung der Erde bis heute. München: Beck

MEYERS LEXIKONVERLAG (2005): Meyers Großes Länderlexikon; Alle Länder der Erde kennen – erleben – verstehen. Mannheim, Leipzig, Wien, Zürich: Meyers Lexikonverlag

OESCHGER, H.; MESSERLI, B.; SVILAR, M. (Hrsg.) (1980): Das Klima; Analysen und Modelle, Geschichte und Zukunft. Berlin, Heidelberg, New . Berlin, Heidelberg, New York: Springer

RUDDIMAN, William F. (2001): Earth's Climate; Past and Future. New York: Freeman

SCHÖNWIESE, Christian (1979): Klimaschwankungen. Berlin, Heidelberg, New York: Springer

SCHÖNWIESE, Christian (1995): Klimaänderungen; Daten, Analysen, Prognosen. Berlin, Heidelberg: Springer

6.2 Internetquellen

GEOLOGISCHER DIENST NORDRHEIN-WESTFALEN (2006): gdreport, Augabe 1/2006. Krefeld: GD NRW, auf http://www.gd.nrw.de/zip/rep06_1.pdf (aktuell am 22.05.2007)

6.3 Abbildungen:

Abbildung 1:
eigene Abbildung nach Schönwiese 1995

Abbildung 2:
http://www.horusmedia.de/1996-wirklichkeit2/blaualge.jpg (aktuell am 03.06.2007)

Abbildung 3:
http://www.scotese.com/newpage5.htm (aktuell am 03.06.2007)

Abbildung 4:
Verändert nach http://www.teachersparadise.com (aktuell am 03.06.2007)

Abbildung 5:
http://www.oekosystem-erde.de/html/klimageschichte.html#eiszeiten (aktuell am 03.06.2007)

Abbildung 6:

http://www.szut.uni-bremen.de/projekte/universum/seiten/klima/Klima2.html (aktuell am 03.06.2007)

Abbildung 7:

www.klimaentwicklung.de (aktuell am 21.05.2007)

Wörter:	5.990
Zeichen (ohne Leerzeichen):	37.473

(ohne Inhaltsverzeichnis und Quellen)